● 水稻机械化生产技术丛书

水稻叠盘出苗育秧
技术图解

陈惠哲　朱德峰　等　著

中国农业科学技术出版社

图书在版编目（CIP）数据

水稻叠盘出苗育秧技术图解 / 陈惠哲等著. --北京：中国农业科学技术出版社，2022. 5（2025. 3 重印）

ISBN 978-7-5116-5757-2

Ⅰ. ①水… Ⅱ. ①陈… Ⅲ. ①水稻—机械化—育秧—图解 Ⅳ. ①S511.04-64

中国版本图书馆CIP数据核字（2022）第 074381 号

责任编辑 崔改泵
责任校对 李向荣
责任印制 姜义伟 王思文

出 版 者 中国农业科学技术出版社
北京市中关村南大街12号 邮编：100081
电 话 （010）82109194（编辑室）（010）82109702（发行部）
（010）82109709（读者服务部）
传 真 （010）82106650
网 址 http：// www.castp.cn
经 销 者 各地新华书店
印 刷 者 北京捷迅佳彩印刷有限公司
开 本 148 mm × 210 mm 1/32
印 张 1.875
字 数 42千字
版 次 2022年5月第1版 2025年3月第2次印刷
定 价 18.00元

《水稻叠盘出苗育秧技术图解》

著者名单

主　著： 陈惠哲　朱德峰

副主著： 张玉屏　向　镜

著　者（按姓氏笔画排序）：

王亚梁　王志刚　王岳钧　朱德峰

向　镜　张义凯　张玉屏　陈叶平

陈惠哲　徐一成

前言

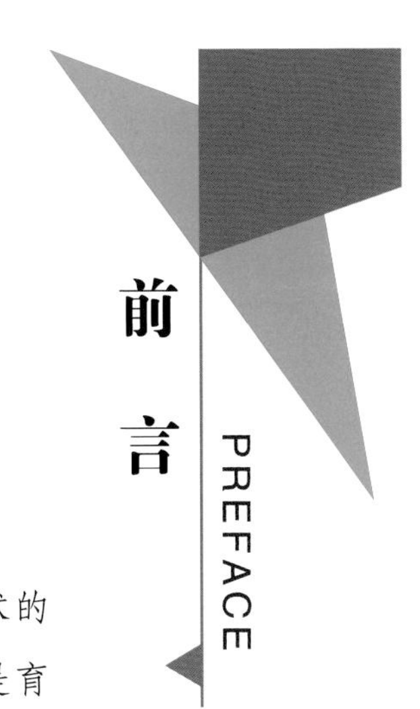

水稻机械化生产是我国现代稻作技术的发展方向。水稻机插秧的制约瓶颈环节是育秧。针对传统机插育秧存在出苗不整齐、烂种烂秧严重、育秧风险大及社会化服务能力低等问题，我们研发水稻叠盘出苗育秧模式和技术，创新“1个育秧中心+N个育秧点”的二段育秧新技术模式。该技术模式第一段为叠盘出苗，第二段为多种方式的育秧。水稻叠盘出苗包括种子浸种消毒、催芽、播种、叠盘、保温保湿出苗等工艺，实现育秧自动化、智能化、工厂化。保温保湿出苗室采用自动控温控湿，创造有利于种子出苗的环境，实现种子出苗快、整齐，提早出苗2～4天，成秧率提高。创建了小棚保温育秧、大棚育秧、露地育秧及多层育秧方式。

水稻叠盘出苗育秧具有一好二低三提高的优点：一是秧苗质量好，二是育秧风险低和成本低，三是育供秧能力、社会化服务能力及育秧装备利用率提高。2019年以来，水稻叠盘出苗育秧技术多次入选农业农村部主推技术，在主要稻区大面积推广。本书图文并茂地介绍了叠盘出苗育秧模式特点、育秧设施装备、种子播种、叠盘出苗、秧苗管理及叠盘出苗育秧常见问题及对策。该书内容兼顾理论性和实用性,深入浅出，叙述翔实，适宜广大稻农和基层农业技术推广人员学习使用，也可供农业院校相关专业师生阅读参考。

著　者

2022年3月

目录

第一章 水稻叠盘出苗育秧模式特点

一、水稻机插育秧模式类型

1. 叠盘出苗育秧

水稻叠盘出苗育秧是中国水稻研究所针对现有水稻机插育秧方法存在的问题，分析水稻规模化生产及社会化服务的技术需求，经多年模式、装备和技术研究，创新的一种现代化水稻机插二段育供秧新模式（图1-1）。叠盘出苗育秧模式采用一个叠盘暗出苗为核心的育秧中心，由育秧中心集中完成育秧床土或基质准备、种子浸种消毒、催芽处理、流水线播种、温室或大棚内叠盘、保温保湿出苗等过程，而后将针状出苗秧连盘一起提供给用秧户，由不同育秧户在炼苗大棚或秧田等不同育秧场所完成后续育秧过程的一种“1个育秧中心+N个育秧点”的育供秧模式。通过叠盘暗出苗育供秧模式创新，可促进社会化服务发展，推进机插技术应用和推广。

图1-1　叠盘出苗育秧模式

2. 机插摆盘育秧

机插摆盘育秧直接将秧盘平摆在田间或大棚育秧，后装入稻田泥浆、育秧基质或营养土等，而后播种和覆土（图1-2），目前我国南方稻田泥浆育秧或北方旱地育秧多采用该方式，南方流水线播种则通过流水线装置一次性完成放盘、铺土、镇压、喷水消毒、播种、覆土等作业，而后摆盘育秧。由于秧盘直接摆放在大棚或田间出苗育秧，出苗期间环境受外界影响大，存在着气温变化大、烂种烂秧严重、出苗差且不整齐、秧苗素质差等问题，难以实现标准化育秧。

图1-2　南方稻区传统泥浆摆盘育秧

二、叠盘出苗育秧工艺流程

水稻叠盘出苗育秧工艺流程见图1-3。

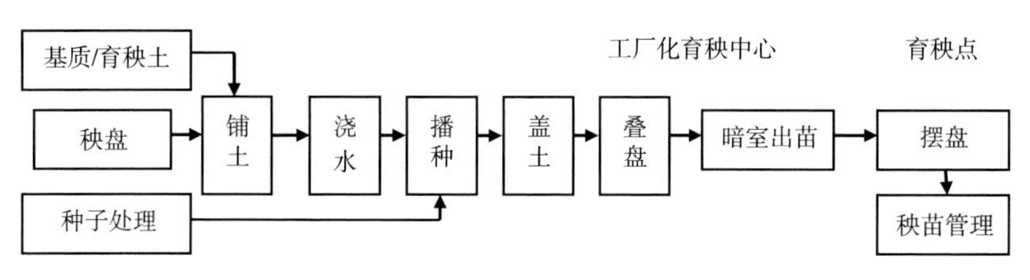

图1-3　水稻叠盘出苗育秧工艺流程

三、叠盘出苗育秧模式特点及优势

水稻叠盘暗出苗育秧，一是在很大程度上解决了机插育秧出苗难问题，可扩大机插面积；二是利用近年我国各地在政策扶持下建立的水稻育秧中心，通过完善设施，形成“1个育秧中心+N个育秧点”的“1+N”育供秧模式，在早稻、连作晚稻和单季晚稻等各类水稻上实行集中育供秧，大幅度拓展供秧规模，提升服务能力，实现我国水稻机插育秧规模化、专业化和集约化，进而促进水稻机插技术的发展。

1. 技术到位率提高

由专业育秧中心完成叠盘出苗，在技术上选用优良品种、育秧基质、先进播种装备、智能化出苗室、适宜温湿度控制等，育秧关键环节技术到位，出苗整齐、出苗率高。解决了稻农在水稻机插育秧中常出现的出苗差、整齐度低、烂芽死苗等问题，有利于培育壮秧。

2. 育供秧服务能力和供秧范围大幅提高

与传统育秧模式比较，叠盘出苗育秧采用的是二段育秧模式，水稻种子播种后，秧盘先集中叠放在一个控温控湿的出苗室完成出苗（图1-4），而后分散育秧，其空间置盘量可增加6倍以上，室内出苗管理时间由4～5天缩短到2～3天，且出苗秧盘运输可以叠盘（图1-5），实现长距离供秧，运输成本大幅降低，育秧供秧效率提高10余倍。

图1-4　室内叠盘控温控湿育秧

图1-5　出苗秧盘运输

3. 育苗成本下降

由于设备利用率和劳动效率提高、秧苗质量提高，育秧总体成本下降15%，同时，该模式可避免育秧设备设施重复建设和投入，减少种粮大户的投入，还可节约农业设施用地。

第二章 叠盘出苗育秧设施装备

叠盘出苗育秧的核心是建设一个拥有叠盘出苗设施、设备的现代化水稻集中育秧中心（图2-1），在育秧中心完成基质准备、种子处理、播种、叠盘、出苗等一系列出苗前的环节。整个育秧中心一般需要有出苗暗室、播种系统、种子处理系统、加温加湿系统、温湿度控制系统、秧盘和叉车等配套装备。

图2-1　现代化叠盘出苗育秧中心（建德稻香小镇）

一、出苗室

出苗室是水稻现代化集中育秧中心的核心之一，播种完成后，水稻在出苗室内控温控湿叠盘出苗，实现智能化育秧，暗室主要以遮光、自动保温保湿为目的，所以墙板可以采用泡沫夹芯板材料。单个暗室面积一般在80～100m^2，高3.5m，配有加温加湿用锅炉、温湿度控制系统等。在控温控湿条件下，水稻种子48～72小时出苗，为保证正常轮换出苗育秧，一般情况下需要建设有3个以上出苗室（图2-2）。每个出苗室底部需铺设有排水管道（图2-3），以满足合理排水要求，防止育秧过程室内地面积水，影响操作。

图2-2　智能化叠盘出苗室

图2-3　叠盘出苗室内排水管道

二、播种系统

育秧中心内播种系统一般要有播种流水线，为减少育秧人工成本，提高机械化水平和育秧效率，其通常需要有自动供盘、种子提升、装土、播种、叠盘等功能，有条件的可配有自动供盘机、自动基质斗式提升机、基质水平输送机、自动叠盘机、播种系统自动控制系统、秧盘码垛机械手、托盘自动输送机等。

1. 播种流水线

播种流水线由机架、秧盘输送机构、床土机构、刷土机构、洒水装置、播种机构、覆土机构、电控箱、传动系统等组成（图2-4），可一次性完成放盘、铺土、镇压、喷水消毒、播种、覆土等作业，一般播种效率可达800～1 000盘/小时，较大型的播种流水线同时配有自动落盘、自动叠盘、自动供土、供种等装备（图2-5），效率可达1 200～1 500盘/小时。

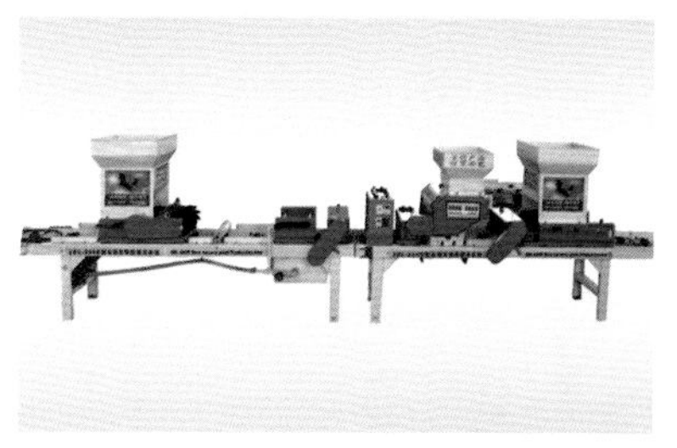

图2-4　水稻机插育秧播种流水线

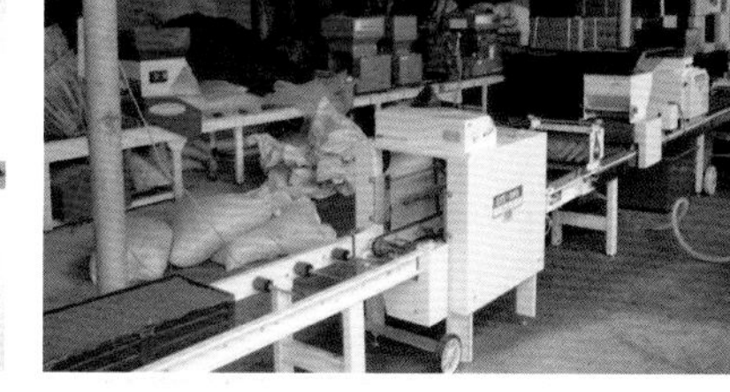

图2-5　装有自动叠盘的播种流水线

2. 自动供盘机

自动供盘机是育秧流水线的配套设备，可进一步提升育秧作业的自动化水平，实现育秧流水线自动输送秧盘（图2-6），极大减轻人力作业负担，多数供盘机可同时适用于7寸和9寸秧盘[①]。

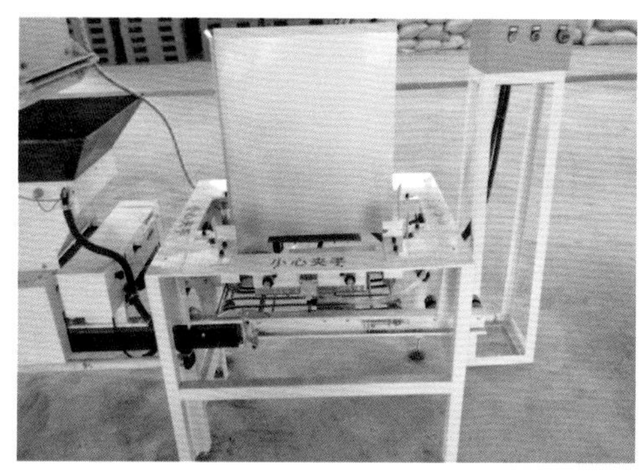

图2-6　自动供盘机

① 1寸≈3.33cm。本书中的7寸秧盘和9寸秧盘指播种流水线上常用的两种规格的秧盘，其长度一般为58cm左右，宽度分别为23cm左右和28cm左右，宽度十分接近7寸和9寸，但数值上会有些许差距，也分别称之为7寸盘和9寸盘。

3. 基质输送机

播种流水线播种效率高，依靠人工装土费工费时，成本高，基质输送机也是育秧播种流水线的配套设备之一，可大幅度提高育秧环节的播种作业效率，提升自动化水平（图2-7），极大减轻人力作业负担，多数基质输送机均为移动式皮带输送机。

图2-7　基质输送机

4. 自动叠盘机

自动叠盘机也是育秧播种流水线的配套设备之一，可实现对流水线播种后的秧盘进行自动叠盘（图2-8），从而大幅度提高育秧环节的播种作业效率，减轻用工成本，多数基质输送机均为移动式皮带输送机。

图2-8　自动叠盘机

5. 秧盘码垛机械手

自动叠盘机一般每次可叠3～5盘秧盘，通过覆土浇水播种等作业，每个秧盘重达6～8kg，人工搬运费力费工，且影响播种作业效率，秧盘码垛机械手可自动将秧盘一垛一垛地搬运至托盘上，并有序摆放（图2-9）。

图2-9　秧盘码垛机械手

三、种子处理系统

1. 浸种消毒设施

种子消毒是水稻机插育秧的关键，叠盘出苗育秧模式有别于传统的一般小规模育秧，其育秧规模大，集中度和标准化程度高，浸种消毒设备是重要的配套设施，有利于规模化育秧。南方稻区的浸种消毒池相对较小（图2-10），有利于分区作业。北方的浸种清毒池规模较大，可在池中完成整个作业（图2-11）。

图2-10　育秧中心浸种消毒池（南方稻区）

图2-11　现代化育秧中心浸种消毒池（北方稻区）

2. 浸种催芽设备

浸种是水稻育秧的一项重要流程，在播种之前需要对水稻种子进行浸种消毒，其目的是促进种子较早发芽，还可以杀死一些虫卵和病毒。可采用智能水稻浸种催芽设备（图2-12），智能水稻浸种催芽设备实现了水稻浸种催芽的智能化控温控水，全自动化设定，科学严格地保证了水稻种子浸种催芽的所需条件。智能浸种催芽设备采用多箱结构，在浸种、催芽两工艺流程中采取种子不出箱的办法来完成，也就是当某箱完成浸种时，由控制参数改变将其转换为催芽箱。系统控制准备水箱的水温，工作时根据浸种、催芽箱的测量温度参数采用注水的方法，来完成调节浸种、催芽箱内温度。

图2-12 智能浸种催芽设备

3. 种子脱水离心机

水稻种子浸种后自然晾干需要时间，可采用种子脱水离心机等（图2-13），使湿种子快速脱水，有利于播种流水线播种。

图2-13 种子脱水离心机

四、加温加湿系统

1. 加温系统

叠盘出苗需要适宜的温度，一般在30～32℃条件下出苗需要48～72小时，当温度低于适宜温度时，需要有加温设施，可采用生物质加温系统（图2-14），加温成本低，温度上升快。

图2-14　生物质加温系统

2. 加湿系统

种子出苗期间需要适宜的湿度，当叠盘出苗室内湿度在90%以上时，种子出苗快且整齐，叠盘出苗室一般需要有加湿系统（图2-15），以满足种子适宜出苗湿度。

图2-15　出苗室的加湿系统

3. 加温加湿一体化系统

出苗室传统的加温、加湿系统分离，管道外露多，同时温度和湿度增加慢，通过开发新的加温加湿一体化装备（图2-16），解决了管道外露的问题，同时加温加湿快而稳定。

图2-16　加温加湿一体化装备

五、控温控湿系统

1. 温、湿度传感器

为保证有较好的控温控湿效果，智能化叠盘出苗室内一般配有空气搅拌风机、蒸汽管、蒸汽管通道等，同时加装有一定数量的温湿度传感器（图2-17），在种子出苗期间可以定时采集室内温度和湿度，以便合理调节室内温湿度，实现智能化育秧，降低育秧风险。

图2-17　温、湿度传感器

2. 温、湿度控制系统

合理的温度和湿度是种子出苗的关键，温度和湿度过低时，种子出苗慢，出苗不整齐，而温度过高，虽然种子出苗快，但出苗率低，育秧中心的出苗室需安装有温、湿度控制系统（图2-18），以实现合理控温控湿，促进种子出苗。

图2-18　出苗室控温控湿系统

3. 育秧智能化监测与控制平台

通过物联网技术、信息化技术等应用，种子出苗期间育秧中心暗出苗室内的空气温度与湿度可实时监测，并通过手机、电脑实现远程监测与控制，当空气温湿度异常时，会短信报警，有利于实现出苗室内的空气温湿度自动或人工措施调节。同时，应用物联网技术及设备，育秧中心及专家还可通过手机、电脑实施远程诊断指导、咨询（图2-19）。

图2-19　育秧智能化监测与控制平台

六、其他配套装备

1. 叠盘专用秧盘

为保持叠盘及出苗效果，建议采用专用塑料可叠机插育秧盘（图2-20），规格有9寸盘（58cm × 28cm × 2.8cm）或7寸盘（58cm × 23cm × 2.8cm），该类型秧盘盘与盘之间有可叠卡槽，叠盘效果和保水性能好，有利于种子出苗（图2-21）。

图2-20　专用可叠机插育秧盘

图2-21　叠盘效果

2. 专用育秧托盘

叠盘出苗育秧需要有专用的托盘（图2-22），以利于叉车等进行机械化操作，提高运输效率和降低秧盘搬运成本，实现机器代人作业。标准的托盘长宽规格为130cm × 110cm，双面可用。

图2-22　叠盘出苗育秧专用托盘

每个托盘上面可放置9寸盘（58cm × 28cm × 2.8cm）6叠，每叠20 ~ 25张秧盘，共可叠放120 ~ 150张秧盘；如果放置7寸盘（58cm × 23cm × 2.8cm），可放置8叠，每叠20 ~ 25张秧盘，共可叠放160 ~ 200张秧盘（图2-23）。

图2-23　专用托盘规格及摆盘

3. 叉车

叉车是叠盘出苗育秧中心重要的搬运工具，有利于机器代人作业（图2-24），通过叉车将叠好的秧盘搬运至出苗室，或将出苗秧盘从出苗室搬出，分发给育秧大户，进而在育秧点摆盘育秧。

图2-24　叉车搬运秧盘

4. 碎土机

为方便育秧基质或床土准备，一般育秧中心还配有床土粉碎机、过筛机及其他附属设备。碎土机主要用以粉碎及过筛床土（图2-25），搅拌机用于拌肥料、壮秧剂、基质母剂等。

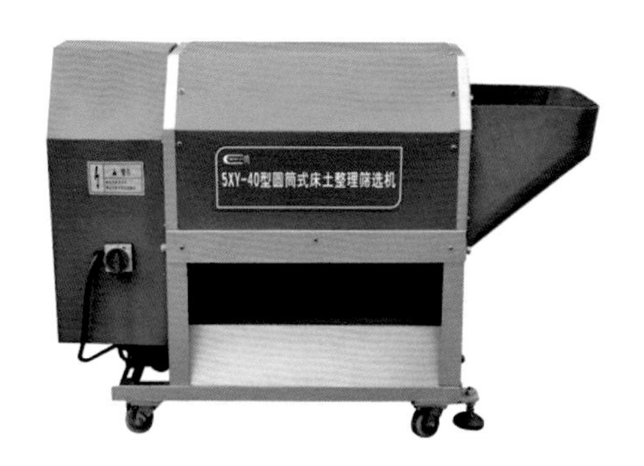

图2-25　碎土机

5. 种子去芒机

有些水稻种子带芒，需要通过种子去芒机去清除种子的长芒，从而有利于播种流水线精量播种（图2-26）。

图2-26　种子去芒机

第三章 种子播种

一、品种选择

水稻叠盘出苗育秧宜选择适宜机插的水稻品种，品种选择考虑当地生态条件、种植制度、种植季节、生产模式等因素，根据前后作茬口选择确保能安全齐穗的优质高产水稻品种。其中南方双季稻区品种搭配要根据各地的热量条件和种植制度，机插连作早、晚稻品种应按照各品种的熟期迟早进行搭配，即中配中、迟配早、早配迟。切不可迟配迟或早配早，因为迟配迟会使迟熟晚稻迟栽迟熟，导致不能安全齐穗，造成翘稻头，甚至颗粒无收；早配早则早稻早熟早割，晚稻也早插早熟，光能条件不能被充分利用，影响全年水稻产量。

1. 早稻品种

根据水稻机插秧品种生育期、株型、分蘖力和穗型要求及生产实际，目前适宜长江中下游双季稻区机插的早稻品种一般生育期在110天左右，其优质高产的品种有中嘉早17（图3-1）、中早39（图3-2）、湘早籼45（图3-3）、株两优819、湘早籼42、湘早籼32、中组143等。

图3-1 中嘉早17

图3-2 中早39

图3-3 湘早籼45

2. 单季稻品种

南方单季稻区生育期并不是水稻生产主要的限制因素，大多数单季稻品种均能用于机插，因此，应根据生态条件，选择在当地能安全成熟的优质高产品种。目前，我国南方单季稻生产面积较大的优质高产品种有C两优华占、隆两优华占、中浙优8号（图3-4）、中浙优1号（图3-5）、甬优1540（图3-6）、黄华占等，另外，还有优质稻品种嘉丰优2号、华浙优261（图3-7）等。

图3-4 中浙优8号

图3-5 中浙优1号

图3-6 甬优1540

图3-7 华浙优261

3. 晚稻品种

双季稻机插在早晚稻品种搭配上要做到早稻成熟期与晚稻早栽的适期相衔接，并确保晚稻在短龄条件下安全齐穗。长江中下游稻区适宜连作稻晚机插的品种有五优308（图3-8）、天优华占、天优998、湘晚籼13等。甬优1540（图3-9）适宜在浙江、上海、苏南、湖北、福建、广西桂中作中稻种植，在广西桂南、广东粤北以及福建闽南作早稻种植和浙江省作连作晚稻种植。

图3-8　五优308

图3-9　甬优1540

二、播种期

1. 早稻播种期

在选择好适宜的品种后，早稻机插育秧播种期要根据品种特性、当地温光条件和前季作物的收获期等因素确定。早稻应该注意倒春寒对秧苗的危害，一般日平均气温稳定在12℃以上，才能开始播种，还要注意避开穗分化和抽穗扬花期高温的危害。播期不可过迟，一般长江中下游早稻在3月中下旬播种，采用大棚保温育秧（图3-10），秧龄25～30天；华南稻区在3月上中旬播种，秧龄20～30天。

图3-10 早稻大棚保温育秧

2. 单季稻播种期

单季稻的播种期相对灵活，长江中下游机插适宜播期为5月中下旬至6月初，秧龄15～20天；西南稻区水稻要避开高温伤害，如四川一般在3月底4月初播种，秧龄30～35天；北方稻区由于生育期紧，一般在4月上中旬播种，秧龄25～35天。

3. 连作晚稻播种期

连作晚稻机插品种的选择受前作制约，后期又易受气候影响，因此要根据品种特性和早稻收获期来合理安排播种期，在确保品种能安全齐穗成熟前提下，也要依照实际情况（如插秧机拥有量、栽插面积、机手熟练程度、工作效率等）确定适宜移栽期，安排好插秧进度，分期分批浸种，严防秧龄超期移栽。目前我国长江中下游晚稻机插播种一般在6月底至7月中旬，秧龄15～18天（图3-11）。同时，由于晚稻育秧期间温度高，秧苗生长快，需要通过喷施多效唑等生长调节剂控制秧苗株高，延长机插秧龄弹性，防止早稻尚未收割而晚稻秧苗已超高的现象出现。

图3-11　晚稻育秧

三、种子处理

1. 晒种

浸种前必须进行晒种，晒种能利用太阳光谱的短波光杀死附在种子表面的病菌，同时能增进种子内酶的活性，进而提高发芽势，使其出芽快、出芽整齐。晒种的方法是将稻谷薄薄地摊在水泥地或晒场上（温度太高时，种子不应直接晒在水泥板上），早稻种子抢晴晒1～2个太阳日，晚稻晒1天，晒时勤翻动，使种子干燥度一致，晒后进行选种并注意让种子凉透3小时以上，等种子散热后再浸种（图3-12）。

图3-12　晒种

2. 选种

选种是浸种前不可缺少的工作。选种一般采用风选和水选两种方法进行（图3-13），风选是在晒种后用风车或自然风扬净，扬去稻壳、枝梗和杂物以及霉菌孢子，风选后再用筛子过筛，筛去杂粒和细粒及芽谷和秕粒。也可用水选法，去除杂质和秕粒等。

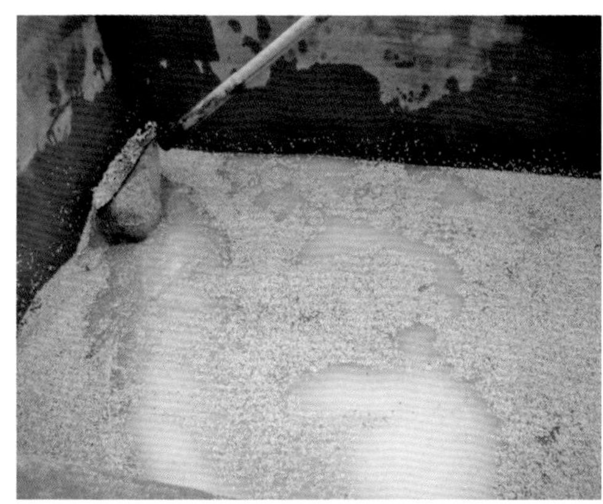

图3-13　种子风选和水选

3. 浸种消毒

种子带菌是水稻病害传播的主要途径之一，做好水稻种子消毒工作，能杀灭种子表面的病菌，减轻秧苗大田病害发生程度，减少防治环节。需要选择合适的浸种剂浸种消毒，南方稻区有不少品种易发生恶苗病，可用25%咪鲜胺乳油或25%氰烯菌酯乳油按比例兑水浸种消毒（图3-14），有些地方使用咪鲜胺浸种很难防治恶苗病，建议改用氰烯菌酯浸种。

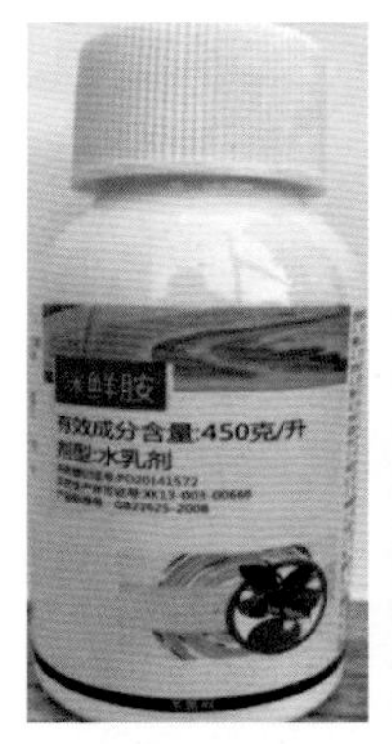

图3-14　种子浸种消毒剂

根据气温高低和种子谷壳厚薄确定浸种时间，如早稻48～72小时、晚粳稻36～48小时，以使种子吸足水分。杂交籼稻间歇浸种10～12小时，开颖较少、谷壳较厚的可延长浸种时间，但间歇浸种最长不超过24小时。稻种吸足水分的标准：谷壳透明，米粒腹白可见，米粒容易折断而无响声。建议推广袋装浸种法（图3-15），便于翻动、沥水、通气，每日上下翻倒1次，大体浸好需积温80～100℃。

图3-15　袋装浸种

种子浸好标志：稻壳颜色变深，稻谷呈半透明状态，透过颖壳可以看到腹白和种胚，米粒易捏断，手碾呈粉状、没有生芯（图3-16）。

图3-16　浸好的种子

4. 种子晾干

叠盘出苗育秧采用出苗室控温控湿出苗，种子浸种后不需要专门的催芽过程，浸种完成后水稻种子需在通风透气处晾干播种（图3-17）。

图3-17　种子晾干

现代化育秧工厂，如条件满足可采用浸种筐袋装浸种，浸种完成后种子可直接筐内沥干（图3-18），标准是手抓种子而不粘手，即可直接用于播种。

图3-18　沥种

四、育秧土准备

1. 育秧基质

育秧基质具有通气、保水性好等优点，同时由于基质中包含植物生长调节剂、调酸剂、消毒剂和秧苗生长所需的各种营养元素，育秧时操作简便、使用方便、适应性广、省工省时、高产高效，适合水稻机插育秧使用。由基质育秧的种子成苗率高、秧苗矮壮、抗逆性强、秧苗素质好、病害少，机插后返青快、起发快、分蘖早，产量高。目前市场上有各种不同厂家生产的育秧基质，建议采用质量可靠的专用育秧基质育秧（图3-19），选购基质时注意不要用错，最好是先试用，种子出苗没有问题后再大量使用。

图3-19 育秧全基质

2. 基质母剂

采用新型水稻机插育秧母剂（中锦牌）育秧（图3-20），需要选择土壤肥沃、中性偏酸、无残茬、无砾石、无杂草、无污染、无病菌的壤土，或耕作熟化的旱田土，或秋耕、冬翻、春耖的稻田土，或经过粉碎过筛、调酸、培肥、消毒等处理后的山黄泥等。按中锦育秧基质母剂25%和床土75%（体积比）混合均匀，注意机插育秧不要用质地过于疏松的黄泥，以免影响成毯效果。

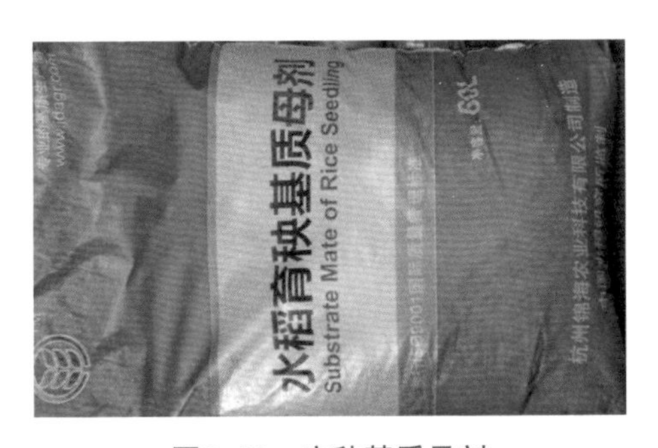

图3-20 育秧基质母剂

3. 育秧营养土

育秧营养土应选择土壤肥沃、中性偏酸、无残茬、无砾石、无杂草、无污染、无病菌的壤土，或耕作熟化的旱田土，或秋耕、冬翻、春耖的稻田土，或经过粉碎过筛、调酸、培肥、消毒等处理后的山黄泥或河泥等。荒草地或当季喷施过除草剂的麦田土和旱地土不宜用作育秧营养土。选择的营养土要求含水率适宜，且土质疏松、通透性好，土壤颗粒细碎、均匀，粒径在5mm以下，粒径2～4mm的床土占总重量60%以上（图3-21）。取土前要求进行小规模的育秧试验，观察了解土壤对出苗的影响程度，以决定是否可用作育秧营养土。育秧营养土一般要先培肥，培肥时尽量用复合肥，并施适量的壮秧剂，一般每盘施5～15g复合肥基本上能满足秧苗生长的营养所需，如果过多不仅影响种子出苗，还将导致秧苗生长过嫩、过高，不利于机插。另外，为预防立枯病，营养土需要用敌克松等药剂消毒，以消灭病原菌。土壤pH值应在4.5～6.5。

图3-21 育秧营养土

五、机械播种

1. 播种量

播种量根据品种类型、季节和秧盘规格确定。南方双季常规稻播种量标准，9寸秧盘一般100～120g/盘，杂交稻可根据品种生长特性适当减少播种量，一般80～100g/盘；单季杂交稻9寸秧盘一般播种量60～80g/盘。7寸窄行秧盘播种量根据秧盘面积作相应的减量调整，一般双季常规稻85～100g/盘，双季杂交稻70～85g/盘，单季杂交稻50～65g/盘。播种要求准确、均匀、不重不漏（图3-22）。一般浸种消毒后湿种子是干种子的1.30～1.40倍，可根据其对应系数计算出每盘湿种子的播种量，先播空盘，称重，调节播种阀，确定播种量。

图3-22 均匀精量播种

2. 播种调试及运转

机械播种前要进行安装与调试，安装播种流水线的地面要平整坚实，以防机体下陷或高低不平。前后机架要对齐，输送秧盘三角皮带松紧度要合适，太松容易打滑，影响秧盘的输送，使播种质量变差，过紧则会增大负荷，影响三角皮带的寿命。调试前应先接好电气线路，加好润滑油，水泵加足引水，然后接通电路，进行空载试运转，观察各传动部件是否正常运转。然后给播种流水线装上育秧土（图3-23）和种子（图3-24），进行播种前调试。

图3-23　装育秧土

图3-24　装种

3. 流水线播种

流水线播种可一次性完成放盘、铺土、镇压、喷水、播种、覆土等作业流程，播前做好机械调试，确定适宜的种子播种量、覆土量、浇水量，待机械运转和调试正常后，在播种流水线每个环节合理安排操作工人，选择叠盘专用秧盘（图3-25），进行流水线播种（图3-26）。

图3-25　送盘

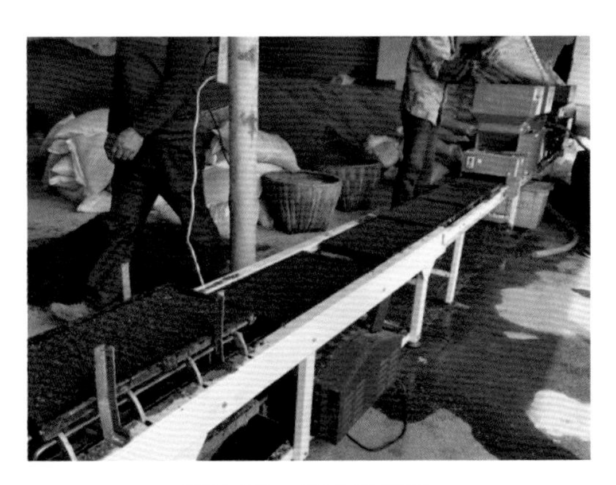

图3-26　流水线播种

4. 浇水标准

秧盘播种洒水须达到秧盘的底土湿润，且表面无积水，盘底无滴水，播种覆土后能湿透床土（图3-27）。

图3–27　浇水标准

5. 覆土标准

秧盘底土厚度一般2.2～2.5cm，覆土厚度0.3～0.6cm，要求覆土均匀、不露籽（图3–28）。

图3–28　覆土标准

第四章 叠盘出苗

一、叠盘

1. 叠盘机叠盘

为提高效率，减少用工，现代化育秧工厂播种流水线末端一般会配有自动叠盘机，可对流水线播种后的秧盘进行自动叠盘，自动叠盘机一般每次叠3～5盘（图4-1），便于人工搬运到托盘上摆放。

图4-1 叠盘机自动叠盘

2. 秧盘摆放

播种后，需将秧盘整齐摆放在叠盘出苗育秧的专用托盘上

（图4-2），标准的托盘长宽规格是长130cm、宽110cm，每层可放置9寸盘（58cm × 28cm × 2.8cm）6张，或放置7寸盘（58cm × 23cm × 2.8cm）8张，每叠一般可放20 ~ 25张秧盘（图4-3）。

图4-2　人工叠盘

图4-3　叠盘标准

3. 机械手摆盘

自动叠盘机一般每次可叠3 ~ 5盘秧盘，通过覆土、浇水、播种等作业，每个秧盘重达6 ~ 8kg，人工搬运费力费工，且影响播种作业效率，安装有秧盘码垛机械手的育秧工厂可自动将秧盘一垛一垛地搬运至托盘上有序摆放（图4-4）。

图4-4　机械手摆盘

二、出苗室摆盘

1. 叉车搬运

专用托盘底部有空格，非常便于叉车机械化操作，通过叉车搬运秧盘（图4-5），有利于降低秧盘搬运成本，实现机器代人。

图4-5 叉车运盘

2. 暗室摆盘

用叉车将托盘运送至出苗暗室（图4-6），按序摆放整齐（图4-7）。一般60～90m^{2}的一个出苗室，一个出苗周期一次性可摆放1.0万～1.2万个秧盘。

图4-6 机械摆盘

图4-7 暗室叠盘

三、暗室出苗

1. 出苗温度

温度对种子出苗具有重要影响，在叠盘出苗育秧模式下，通过比较不同温度（28℃、31℃、34℃）条件下种子出苗率的差异，结果表明，参试的三个品种中嘉早17、中浙优1号和甬优1540均表现出31℃的出苗率最高（图4-8）。

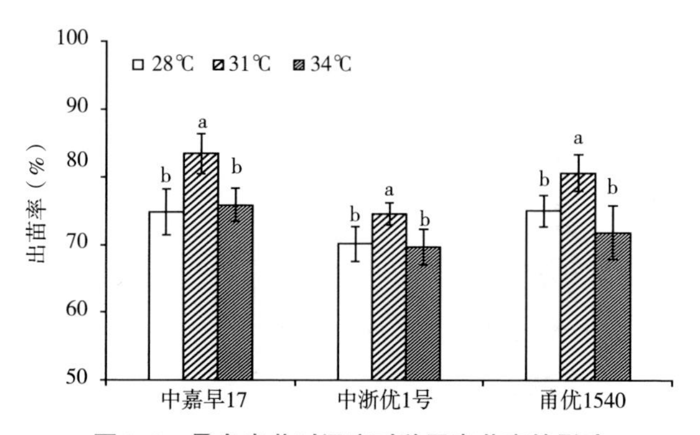

图4-8 叠盘出苗时温度对种子出苗率的影响

暗室叠盘条件下，设置30～32℃温度条件，一般水稻种子可在48～72小时出苗。当温度低于30℃时，出苗室一般通过加温设施加热，采用生物质燃料（图4-9），利用生物质加温系统加热，与电热加温比较，其成本相对较低，且温度上升快。

图4-9　生物质燃料

比较叠盘出苗育秧模式下出苗室及传统大棚育秧的温度差异，在出苗室叠盘育秧时，水稻种子出苗期间的温度相对稳定，播种后的秧盘刚放进时，温度为26.6℃，不到2小时出苗室温度就上升至31℃以上，之后温度基本控制在29.5～32.2℃，出苗期间的平均温度为30.9℃；而在育秧大棚育秧时，水稻种子出苗期间的温度则随着昼夜交替而波动较大，晚间气温最低时可至2℃，晴天中午气温最高可达30℃以上，出苗期间的平均温度仅为13.4℃，远低于出苗室温度（图4-10），可见暗室叠盘能较好地实现温度调控，有利于创造种子出苗环境。

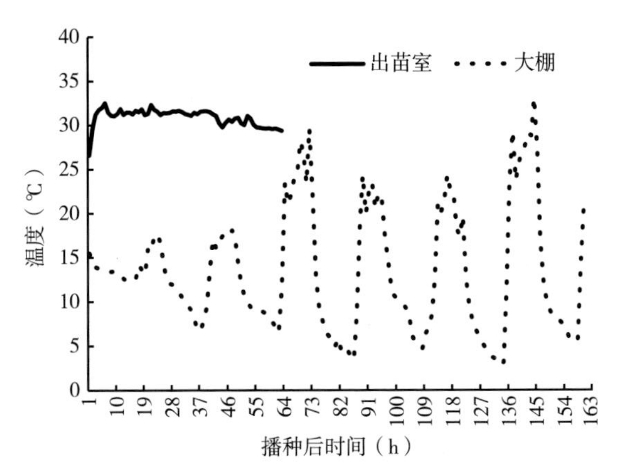

图4-10　叠盘出苗与大棚摆盘出苗的温度差异

2. 出苗湿度

种子出苗期间，适宜的湿度有利于种子出苗快且整齐，通过试验比较了叠盘出苗60%、75%和90%空气相对湿度下对种子出苗的差异，表明在90%相对湿度下，水稻种子的出苗率最高（图4-11），与60%、75%相对湿度处理的种子出苗率存在显著差异。

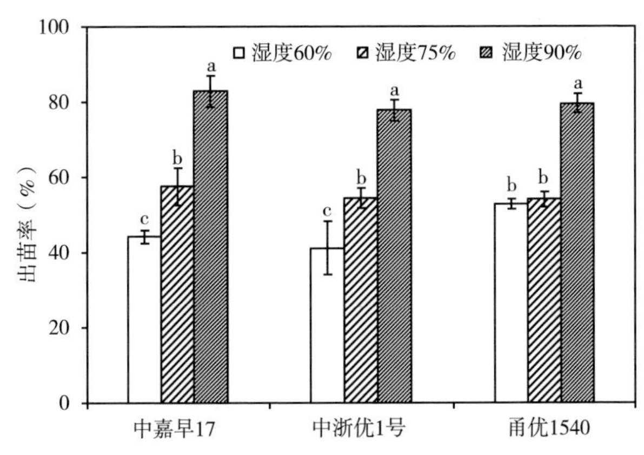

图4-11　叠盘出苗时相对湿度对种子出苗率的影响

通过加湿系统，可快速提高出苗室的相对湿度（图4-12），从而创造有利于种子出苗的环境。比较出苗室及育秧大棚出苗期间的相对湿度表明，出苗室相对湿度基本稳定在80%～90%，而育秧大棚种子出苗期间的相对湿度则随着昼夜交替而波动较大，不利于种子出苗（图4-13）。

图4-12　出苗室加湿

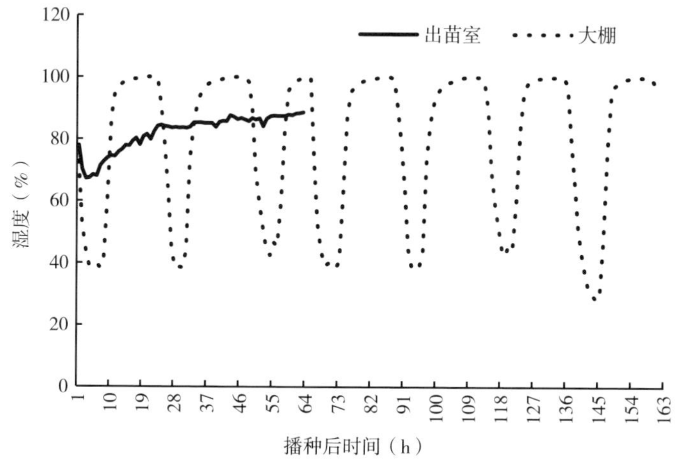

图4-13　叠盘出苗与大棚摆盘出苗的相对湿度差异

3. 出苗时间

暗室温度控制在30～32℃，相对湿度控制在85%以上，一般在出苗室放置48小时左右，种子即可顶土出苗（图4-14），一般出苗室内放置不超过72小时，否则种子苗芽会偏长，容易顶到上层秧盘（图4-15），影响秧苗后期生长。

图4-14　叠盘48小时种子出苗情况

图4-15　叠盘72小时种子出苗情况

秧苗管理

一、运秧及摆盘

1. 出苗秧盘搬运

通过控温控湿，水稻种子一般48～72小时芽长0.5～1.0cm，用叉车将芽苗连盘搬运出出苗室（图5-1），装到用户车上（图5-2），根据育秧户要求运至育秧点。

图5-1　用叉车搬运出苗秧盘

图5-2　出苗秧盘装车

2. 育秧点摆盘

经暗化出苗的秧盘运送给各育秧点，早稻育秧期间外界温度低，一般需要保温育秧，可摆放在塑料大棚（图5-3），或秧田秧板上搭拱棚保温育秧（图5-4），盘与盘之间摆放整齐。

图5-3　育秧大棚摆盘

图5-4　早稻搭拱棚保温育秧

单季稻和连作晚稻育秧期间温度高，可直接在露天秧田上摆盘育秧（图5-5），有条件的育秧点可放入防虫网大棚内育秧（图5-6），以减少育秧期间的虫害发生，有利于培育壮秧。

图5-5　单季稻露天摆盘育秧

图5-6　防虫网育秧

二、温度管理

适宜的温度有利于培育壮秧，秧苗生长期间，当育秧温度低于18℃，水稻的秧苗生长慢，易出现立枯病等病害，烂秧严重；温度高于25℃，秧苗生长过快，株高、叶片叶鞘等容易徒长；育秧温度20～25℃，秧苗株高、叶片叶鞘长度适宜，易培育壮秧。早稻育秧期间气温较低，一般需要覆膜保温育秧（图5-7），棚内温度尽量控制在20～25℃，最高不超过30℃，最低不低于10℃。温度低时注意密封保温，温度高时及时揭膜，注意通风降温炼苗，防止高温烧苗（图5-8）。大棚育秧机插前一定要注意提前3～5天通风炼苗，否则苗细弱插后易死苗。

图5-7　早稻田间搭小拱棚保温育秧

图5-8　大棚通风炼苗

三、水分管理

采用旱育壮秧。大棚育秧如早晚叶尖吐小水珠，午间新叶卷曲，盘土发白，要在早晨浇水，一次浇足；秧田育秧以灌平沟水为主（图5-9），在正常情况下，保持盘面湿润不发白；若晴天中午秧苗卷叶要灌薄水护苗（水不上盘面），防止秧苗青枯，雨天放干秧沟水。忌长期深水灌溉造成烂根烂秧（图5-10）。

图5-9　水稻田间旱育壮秧

图5-10　长期深水灌溉造成烂根烂秧

四、送嫁肥及带药移栽

机插育秧一般不施肥，移栽前2～3天施一次送嫁肥，每亩苗床撒施尿素4～5kg。并采用喷施吡虫啉等进行一次害虫防治工作，带药移栽（图5-11）。

图5-11　机插前喷药（带药移栽）

五、秧苗标准

机插秧苗应根系发达、苗高适宜、茎部粗壮、叶挺色绿、均匀整齐（图5-12）。南方早稻一般3.0～3.5叶，苗高12～15cm，秧龄25～30天；南方单季稻一般3.0～4.0叶，苗高12～20cm，秧龄15～20天；连作晚稻一般3.0～4.5叶，苗高15～22cm，秧龄15～25天。

图5-12　机插壮秧

叠盘出苗育秧常见问题及对策

一、育秧烂种出苗不整齐

水稻育秧播种后烂种，出苗不整齐或出苗后枯死（图6-1）。主要原因是育秧过程育秧土或基质用肥不当，如壮秧剂混拌不均匀、壮秧营养剂或化肥使用过量，壮秧剂与床土混拌不均匀或撒施不均匀，特别是壮秧剂分布少的地方容易出现缺肥和发生苗期病害，而分布多的地方极易发生药害和肥害，严重的会造成死苗，造成出苗不齐、不全。肥料过量，造成不同程度的烧种、烧苗现象，最终导致出苗不齐、不全。主要防治措施：一是选用籽粒饱满、纯度高、发芽好的水稻种子，防止烂种不出苗；二是合理培肥，育秧土壤pH值在5.0～6.5，粒径不应大于5mm。培肥宜选用适量的复合肥，禁用尿素、碳酸氢铵和未腐熟的厩肥等直接作育秧土肥料，以防肥害烧苗；三是选择经检测合格的水稻机插育秧母剂或全基质，促进出苗整齐，提高出苗率。

图6-1　育秧烂种出苗不整齐

二、种子出苗顶土“戴帽”

育秧过程中，有时会出现“戴帽子”秧苗（盖土被秧苗顶起），有些生长较慢的秧苗芽尖粘在被顶起的土块上而被拔起，致使白根悬于半空中；未被拔起的秧苗由于没有了盖土，秧根也裸露在外（图6-2）。这个问题主要出现在旱地土育秧上。出现这种现象主要是盖土板结、过干过细、厚度不均匀、床水过多等原因所致。旱地土育秧要选择适宜的盖土，覆盖均匀且厚度适宜。对已出现“戴帽子”情况的秧苗，可以用细树枝在床土上轻轻拍打，使顶起的土块被震碎后掉落下去，并适当增撒一些细土，将秧根全部盖住，再轻喷些水，使秧苗根部保持湿润，同时将粘于秧叶上的泥土冲洗下去。

图6-2　种子出苗顶土戴帽

三、种子出苗后烧芽死苗

主要原因是采用了不合格基质，如基质有机质成分过高，或基质中使用尿素、碳酸氢铵和未腐熟的厩肥等，导致基质肥害烧苗（图6-3）。防治方法是选择经检测合格的水稻机插育秧基质，促进出苗整齐，提高出苗率。

图6-3　种子出苗后烧芽死苗

四、部分秧苗细高细长

育秧中部分秧苗细高细长主要是由恶苗病引起的（图6-4），一般苗期恶苗病病苗比健苗细高，叶片叶鞘细长，叶色淡黄，根系发育不良，部分病苗在移栽前死亡。种子带菌是引起苗期发病的主因，病菌主要以菌丝体潜伏在种子内或以分生孢子附着在种子表面越冬。带菌种子播种后，幼苗就会感病，重者幼苗枯死。恶苗病最好的防治措施是浸种消毒，25%氰烯菌脂（或25%咪鲜胺）2 000倍液浸种48小时，种子捞起后直接催芽，效果较好。此外，需要注意清除病株残体，及时拔除病株并销毁，稻草收获后作燃料或沤制堆肥。建立无病留种田，选用抗病品种，进行种子消毒处理。留种田及附近一般生产田出现病株应及时拔除，防传播蔓延。

图6-4　因恶苗病引起的秧苗细高细长

五、秧苗叶色枯黄叶片萎蔫打绺

秧苗叶色枯黄叶片萎蔫打绺一般是立枯病引起，立枯病是育秧期间威胁较大的病害之一，多由不良环境诱致土壤中致病真菌寄生所致，每年均有不同程度发生，水稻患立枯病表现为水稻苗叶色呈枯黄萎蔫状，叶片打绺，枯苗呈穴状（图6–5）。水稻立枯病发病的主要原因是低温多湿、温差过大、光照不足、土壤偏碱、秧苗细弱、播种量过大等因素造成的。主要防治办法是对种子和土壤进行消毒，提高秧苗的抗病力。控制好温度和湿度，使土壤水分充足，但不能过湿。精选水稻种，晒种，并提高催芽技术，培育壮秧。要做好防寒、保温、通风、炼苗等工作。播种时间适宜，不要盲目抢早，播种密度不宜过大，播种量适宜。药剂防治可以喷洒恶霉灵1 200～1 500倍液，不仅能够土壤消毒，而且还能促进植物生长，并能直接被植物根部吸收，进入植物体内，移动极为迅速，或者甲霜恶霉灵叶面喷施1 500～2 000倍液，药效被土壤吸收，通过根系吸收转移到叶缘并发挥作用。

图6–5　秧苗叶色枯黄叶片萎蔫打绺

六、秧苗基部水渍状发黄枯死

秧苗生长期间，受低温高湿等影响，基部出现水渍状，严重时秧苗发黄枯死（图6-6）。其主要原因是低温高湿条件下，绵腐型烂芽发病，发病初在根、芽基部的颖壳破口外产生白色胶状物，渐长出绵毛状菌丝体，后变为土褐或绿褐色，幼芽黄褐枯死，俗称“水杨梅”。绵腐病病原菌有多种，都是鞭毛菌亚门，属藻状菌中的卵菌。绵腐病发病条件中，气象因素特别是低温最为重要，绵腐病的绵腐、腐霉菌是土壤中弱寄生菌，只能侵染已受伤的种子和生长受抑制的幼芽，一般完好的种子基本不发病。当低温影响水稻生育时提供了病原菌侵染条件，播种后气温越低，持续时间越长，对水稻生育影响越大，绵腐病就可能越严重。主要防治措施包括：一是严格种子精选，严防糙米和破损种子下地。二是适时播种，提高整地质量，避免冷水、污水灌溉，发生绵腐病时及时晾田防治。三是药剂防治，可以喷洒恶霉灵1 200～1 500倍液，不仅能够土壤消毒，并能直接被植物根部吸收，进入植物体内，移动极为迅速，或用甲霜恶霉灵1 500～2 000倍液叶面喷施，或用70%敌克松1 000倍液或硫酸铜1 000倍液喷雾。

图6-6　秧苗基部水渍状发黄枯死

七、秧苗叶片发白

大棚育秧有时会形成白秧，或出现大面积叶片发白的现象（图6-7），其主要原因是大棚内温度过高，水稻机插秧苗生长点嫩，高温下容易烧焦，叶片发白；另外，秧田光照不足时，也有可能形成白秧，但一般多为心叶。防治方法：由高温引起的叶片烧焦发白，需要加强大棚温度管理，当棚内温度高于30℃时，及时开窗通风炼苗；因光照不足引起的白化苗，光照增加后能及时恢复正常。

图6-7　秧苗叶片发白